Christian Sekimonyo Shamavu

Técnicas de produção de gás de biomassa

Christian Sekimonyo Shamavu

Técnicas de produção de gás de biomassa

Descrição das principais tecnologias de produção de gás de biomassa

ScienciaScripts

Imprint

Any brand names and product names mentioned in this book are subject to trademark, brand or patent protection and are trademarks or registered trademarks of their respective holders. The use of brand names, product names, common names, trade names, product descriptions etc. even without a particular marking in this work is in no way to be construed to mean that such names may be regarded as unrestricted in respect of trademark and brand protection legislation and could thus be used by anyone.

Cover image: www.ingimage.com

This book is a translation from the original published under ISBN 978-620-7-65461-1.

Publisher:
Sciencia Scripts
is a trademark of
Dodo Books Indian Ocean Ltd. and OmniScriptum S.R.L publishing group

120 High Road, East Finchley, London, N2 9ED, United Kingdom
Str. Armeneasca 28/1, office 1, Chisinau MD-2012, Republic of Moldova, Europe
Printed at: see last page
ISBN: 978-620-7-77981-9

Índice

Introdução

A digestão anaeróbia é um processo de decomposição de materiais podres (putrescíveis) por bactérias que actuam na ausência de ar. Este processo de decomposição é designado por fermentação anaeróbia.

Este processo permite gerar energia renovável, biogás que contém, entre outros, metano (CH_4, numa proporção de 50% a 70%, e dióxido de carbono (CO_2), bem como composto (um "digestato" utilizado como fertilizante).

O biogás pode ser convertido em calor, eletricidade e combustível para veículos. O fenómeno da digestão anaeróbia ocorre naturalmente nos gases dos pântanos, um local onde a matéria vegetal e animal se decompõe e onde se podem observar bolhas à superfície da água.

Existem dois tipos de resíduos que podem ser metanizados:

- Efluentes líquidos:

Águas residuais urbanas ou industriais; estrume animal (chorume); lamas de depuração, que são frequentemente lamas mistas compostas por lamas primárias e lamas biológicas. As lamas primárias são os depósitos recuperados por uma simples decantação das águas residuais e as lamas biológicas são essencialmente constituídas por corpos bacterianos e suas secreções; efluentes agro-alimentares.

- Resíduos sólidos orgânicos:

Resíduos industriais: tratamento de resíduos da indústria vegetal e animal; resíduos agrícolas: substratos sólidos vegetais, excrementos de animais; resíduos urbanos: jornais, resíduos têxteis alimentares, resíduos verdes, embalagens, subprodutos do saneamento urbano.

1. Funcionamento físico do processo

A digestão anaeróbia é um processo complexo. O princípio é o seguinte: os resíduos orgânicos são armazenados num tanque cilíndrico e hermético chamado "digestor" ou "metanizador", no qual são sujeitos à ação de microrganismos (bactérias) na ausência de oxigénio.

As reacções biológicas envolvidas na digestão anaeróbia são complexas, mas, de um modo geral, existem três etapas principais:

- **hidrólise e acidogénese:** cadeias orgânicas complexas (proteínas, lípidos, polissacáridos) são transformadas em compostos mais simples (ácidos gordos, péptidos, aminoácidos);
- **Acetogénese:** os produtos da acidogénese são convertidos em ácido acético;
- **Metanogénese:** o ácido acético é transformado em metano e dióxido de carbono.

Uma vez metanizado, o material residual (digerido) é armazenado.

Existe também um processo físico, a metanação, que, através da gaseificação de biomassa seca, geralmente madeira, sob o efeito da temperatura, conduz à produção de metano, gás de síntese e CO2. Este processo, cuja versão primitiva esteve na base dos gaseificadores utilizados para a tração automóvel durante a Segunda Guerra Mundial, está atualmente a ser desenvolvido para a produção de metano "verde".

2. Produção a partir de digestão anaeróbia

A produção de energia de uma unidade de metanização que trata 15 000 toneladas/ano de resíduos permite, em equivalência:

- ✓ Assegurar o consumo de combustível de 60 autocarros urbanos.
- ✓ Garantir o aquecimento de 700 casas ou a água quente sanitária de 3.500 casas.
- ✓ Garantir, através da cogeração, a eletricidade específica de 1300 casas e água quente para 2000 outras.

Na Europa, a digestão anaeróbia está a desenvolver-se em países como a Áustria, a Dinamarca, a Suíça e, sobretudo, a Alemanha, o país mais avançado neste sector, com cerca de dez mil instalações (que produzem quase metade do biogás produzido na Europa).

Em França, o sector do biogás desenvolveu-se significativamente nos últimos anos graças a ajudas públicas específicas (Fundo do Calor, revalorização da tarifa de alimentação da eletricidade, etc.), nomeadamente desde o Grenelle Environnement. Existem atualmente mais de 200 locais de injeção de metano no país.

Segundo a Comissão Geral para o Desenvolvimento Sustentável, a produção de biogás (e a sua valorização sob a forma eléctrica ou térmica) continuará a aumentar fortemente nos próximos anos, tendo em conta os numerosos projectos em curso e o forte potencial do sector.

⁂ Questões económicas

O biogás produzido por digestão anaeróbia é uma fonte de energia cujas fontes estão distribuídas de forma bastante homogénea em todo o mundo. O biogás pode substituir o gás natural em todas as suas utilizações actuais: produção de eletricidade e combustível para veículos. A energia pode assim substituir os milhares de milhões de metros cúbicos importados todos os anos por gasodutos e navios de transporte de GNL, proporcionando ao mesmo tempo um rendimento suplementar aos agricultores, às colectividades locais e aos restaurantes em particular.

Além disso, o material digerido remanescente após o processo de digestão anaeróbia, conhecido como "digerido", é maioritariamente reciclável, particularmente sob a forma de fertilizante. Pode, por conseguinte, permitir aos agricultores efetuar economias substanciais.

O biogás pode também proporcionar-lhes rendimentos adicionais através da venda da eletricidade resultante da sua combustão a tarifas de alimentação preferenciais.

⁂ Questões ambientais e agronómicas

Embora o biogás seja uma energia renovável, a sua produção e utilização geram, no entanto, emissões poluentes para a atmosfera. Estas continuam a ser menos importantes do que as dos combustíveis fósseis.

Uma vez reprocessado, o digerido é um produto fertilizante de elevado valor agronómico. É muito facilmente assimilável pelas plantas porque é constituído principalmente por amoníaco, produto da transformação do azoto nele contido antes da gaseificação.

A digestão anaeróbia permite também, a nível local, eliminar o problema da armazenagem de materiais podres (odores e concentrações de insectos).

3. Descoberta e primeiras aplicações

A história da digestão anaeróbia começou em 1776 com a descoberta do metano por Alessandro Volta. Este conde e cientista italiano identifica nas bolhas de gás emitidas pelos vasos em putrefação do Lago Maggiore, a existência de "gás hidrogénio carbonado".

Em 1808, o britânico Humphrey Davy demonstrou a presença de metano nos gases produzidos durante a decomposição do chorume. Sessenta anos mais tarde, em 1868, o agrónomo Jules Reiset detectou a libertação de hidrogénio fotocarbónico (gás dos pântanos), um gás combustível, ao estudar a dinâmica do azoto no estrume.

No entanto, a primeira aplicação de tratamentos anaeróbios foi efectuada quase 100 anos após a sua descoberta.

Em 1897, o primeiro digestor foi construído pelos britânicos na Índia, em Matunga (perto de Bombaim), com o objetivo de produzir combustível para veículos.

Mais tarde, entre as duas guerras, muitos trabalhos fizeram avançar a digestão anaeróbia das lamas das estações de tratamento de águas residuais, nomeadamente na Grã-Bretanha e nos Estados Unidos. Muitos digestores entraram em funcionamento nas décadas de 1930 e 1940 em estações de tratamento de águas residuais e a digestão anaeróbia conheceu um interesse renovado durante a Segunda Guerra Mundial para compensar a falta de combustível. Na mesma linha, os vários choques petrolíferos estão a reavivar a atividade do biogás. Atualmente, os condicionalismos ambientais e os progressos tecnológicos tornaram este método de tratamento dos resíduos orgânicos mais atraente.

4. Uma evolução, mas até que ponto?

Em geral, a digestão anaeróbia está a expandir-se nos países ricos (por exemplo, no Canadá), bem como na Europa. Nos países em desenvolvimento, alguns agricultores fazem "digestores" à sua maneira: latas, sacos de plástico, mangueiras de jardim, etc.

Apesar dos seus pontos fortes, esta tecnologia precisa ainda de ser melhorada para ser totalmente eficiente. O primeiro ponto a melhorar é a promoção da integração das instalações de digestão anaeróbia no seu ambiente.

Com efeito, é necessário encontrar pontos de venda perto destas unidades para vender a matéria orgânica e a energia produzida a um custo inferior. Em segundo lugar, há que procurar melhorar a qualidade do digerido e do biogás resultantes do mecanismo de digestão anaeróbia. Uma das soluções consiste em concentrar-se na triagem da matéria orgânica suscetível de ser metanizada. A qualidade do digerido obtido depende da natureza dos resíduos orgânicos tratados, mas também da qualidade da triagem efectuada à partida.

A digestão anaeróbia não pode substituir a incineração porque não pode tratar todos os resíduos atualmente incinerados. De facto, alguns materiais inertes não são destruídos pela digestão anaeróbia e podem causar um mau funcionamento do processo.

5. Sabia que?

De acordo com as teorias científicas, as bactérias responsáveis pela digestão anaeróbica foram os primeiros organismos vivos a aparecer na Terra, há mais de 3 mil milhões de anos, numa altura em que o oxigénio ainda não existia na atmosfera. Alimentavam-se de moléculas orgânicas presentes no seu ambiente, tal como hoje, e transformavam o dióxido de carbono e o hidrogénio contidos nessas moléculas em metano e oxigénio.

É, portanto, graças às bactérias que produzem o biogás que estamos aqui hoje, pois é a elas que devemos o aparecimento do oxigénio na Terra.

Capítulo 1: Considerações gerais : História

No domínio da energia, a biomassa é matéria orgânica de origem vegetal (incluindo microalgas), animal, bacteriana ou fúngica (fungos), que pode ser utilizada como fonte de energia (bioenergia). Esta energia pode ser extraída por combustão direta, como acontece com a energia da madeira, ou por combustão após um processo de transformação da matéria-prima, por exemplo a metanização (biogás, ou a sua versão purificada, o biometano) ou outras transformações químicas (incluindo a pirólise, a carbonização hidrotérmica e os métodos de produção de biocombustíveis ou "agrocombustíveis"). Existem três métodos de recuperação da biomassa: térmico, químico e bioquímico.

A biomassa volta a interessar os países ricos, que enfrentam as alterações climáticas e a perspetiva de uma crise dos recursos de hidrocarbonetos fósseis ou de urânio.

Em certas condições, responde aos desafios do desenvolvimento sustentável e da economia circular; substituindo os combustíveis fósseis para reduzir as emissões globais de gases com efeito de estufa e, por vezes, restaurando certos sumidouros de carbono (semi-naturais no caso da florestação explorada e das sebes). Em poucas décadas, surgiram novos sectores: biocombustíveis, pellets de madeira, digestão anaeróbia industrial, criando tensões sobre determinados recursos, com novos riscos de sobre-exploração do recurso e de substituição de culturas alimentares por culturas energéticas.

Em França, uma estratégia nacional de mobilização da biomassa (2018) visa aumentar a quantidade de biomassa recolhida, criando o mínimo possível de efeitos colaterais negativos na biodiversidade, nas paisagens e noutros sectores dependentes do mesmo recurso.

Em 2021, de acordo com a Agência Internacional da Energia, a biomassa forneceu 9,5% do consumo mundial de energia primária, 2,2% da produção mundial de eletricidade e 3,5% da energia consumida pelos transportes. De acordo com um relatório da Comissão Europeia, a bioenergia poderia cobrir até 13% da procura de energia da UE.

1. Definição

Do ponto de vista energético, a biomassa é qualquer massa viva da qual se pode obter energia por combustão ou fermentação. O termo "biomassa" surgiu em 1966. É composto de massa com o prefixo bio-, do grego antigo βιος / bios, "vida". A energia derivada diretamente da biomassa é por vezes também referida como "bioenergia"; este termo exclui assim os combustíveis fósseis, que também são derivados da biomassa e processados ao longo de vários milhares de anos.

A biomassa é considerada renovável desde que a quantidade de material utilizado seja igual ou inferior à quantidade que pode ser regenerada. A biomassa pode ser dividida em duas categorias: tradicional e moderna. A biomassa tradicional inclui a queima de energia da madeira, estrume animal e carvão vegetal, enquanto a biomassa moderna envolve processos tecnológicos como a produção de pellets ou biocombustíveis.

2. História

Foi através do fogo que o Homem utilizou pela primeira vez a energia da biomassa, para cozinhar e aquecer ou para iluminar (tocha, candeeiro a petróleo) durante várias dezenas de milhares de anos.

Desde o século XVIII, as máquinas a vapor e os aeróstatos eram movidos a madeira. No final do século XIX, Rudolf Diesel, engenheiro térmico, concebeu um motor a óleo vegetal (e não a petróleo) para substituir o motor a vapor.

As crises recentes reavivaram o interesse pela biomassa; os gaseificadores que gaseificam madeira foram utilizados em muitos veículos quando o petróleo se esgotou durante as duas guerras mundiais. As duas últimas grandes crises petrolíferas fizeram renascer a utilização da lenha e mesmo da turfa (na Irlanda, por exemplo). Desde a Cimeira da Terra do Rio, o objetivo do desenvolvimento sustentável e, depois, com Quioto, o da luta contra as alterações climáticas, mantiveram ou renovaram este interesse.

A biomassa é por vezes utilizada em "co-combustão" (por exemplo, resíduos de lagares de azeite misturados com carvão betuminoso).

Perspectivas: O INRA anunciou em outubro de 2014 que tinha desenvolvido e patenteado um "método seco" para a preparação de biomassa lignocelulósica por fracionamento de palha de trigo e palha de arroz. O material é finamente moído e, em seguida, a triagem eletrostática prepara-o para o tornar mais acessível às enzimas ou para o recuperar sob a forma de lenhina-hemiceluloses e/ou minerais. O método é aplicável a madeira/subprodutos de madeira e agrícolas, a culturas ligno-celulósicas específicas, que podem ser utilizadas para produzir biocombustíveis, moléculas e materiais de base biológica. Esta invenção foi apresentada em duas revistas científicas e técnicas (Biotechnology for Biofuels e Green Chemistry). Este método poderia reduzir os pré-tratamentos químicos que poluem, consomem água e geram efluentes. No entanto, a exportação desta palha priva o solo agrícola de proteção natural e de uma fonte de carbono.

As origens da utilização da energia da biomassa

- ✓ 1860s: A madeira continua a ser o principal combustível utilizado nas casas e nas empresas para aquecimento e para cozinhar. A madeira é também utilizada para produzir vapor para aplicações industriais, bem como para alimentar comboios e navios.
- ✓ 1880: Henry Ford utiliza o etanol para alimentar um dos seus primeiros automóveis, o quadriciclo.
- ✓ Década de 1920 - 1930: Nos Estados Unidos, o etanol é amplamente utilizado para abastecer os automóveis. Décadas de 1920 a 1930: Nos Estados Unidos, o etanol é amplamente utilizado para abastecer os carros. Mais de 2.000 postos de gasolina no Centro-Oeste dos EUA oferecem "gasohol" (etanol feito de milho).
- ✓ Mais de 2.000 estações de serviço no Midwest dos EUA oferecem "gasohol" (etanol feito de milho).
- ✓ 1970s: Os dois choques petrolíferos (1973 e 1979) incentivam os grandes grupos petrolíferos a desenvolver biocombustíveis.
- ✓ 1970s: Os dois choques petrolíferos (1973 e 1979) incentivam as grandes empresas petrolíferas a desenvolver biocombustíveis.
- ✓ 1975: O Brasil lança o Proalcool, programa que tem como objetivo promover o surgimento de combustíveis "verdes". 1975: o Brasil lança o Proalcool, programa que tem como objetivo promover o surgimento de combustíveis "verdes". Hoje, mais da metade da frota de carros do Brasil é movida a biocombustível.
- ✓ 1980: Os preços elevados da energia estimulam o interesse pela energia da biomassa.
- ✓ 1990: O aquecimento global e o esgotamento dos recursos fósseis incentivam as autoridades a promover o desenvolvimento das energias renováveis. O consumo de energia de biomassa representa cerca de 6,7% do consumo total de energia a nível mundial.
- ✓ 2004: De acordo com o Balanço Energético Mundial de 2004 da AIE, a biomassa foi responsável por 10,6% do consumo global de energia (note-se que algumas utilizações directas da madeira podem afetar a precisão das estimativas do mercado da madeira).

3. Materiais e fontes

Existem três tipos de materiais cujos derivados se encontram nas matérias-primas da biomassa: açúcares e amidos, celuloses e lignoceluloses e lípidos. Estes materiais encontram-se em duas categorias de plantas: lenhosas e não lenhosas. A maior parte da biomassa utilizada para a produção de energia provém de florestas, da agricultura ou de resíduos. A agro-silvicultura e a utilização de algas são duas fontes emergentes de biomassa.

⬇ Florestas

As florestas têm sido as principais fontes de biomassa e representam a fonte mais importante de bioenergia para cozinhar e para aquecimento doméstico, especialmente nos países em desenvolvimento. No entanto, existem poucas florestas para a produção de bioenergia; a energia da madeira é, na maioria dos casos, um subproduto da madeira de construção.
Por conseguinte, a madeira utilizada como biomassa apresenta-se sob a forma de casca ou de estilha. A casca tem uma maior densidade energética, mas contém sílica e potássio, o que diminui a sua qualidade de combustível. As aparas podem ser utilizadas como combustível ou transformadas em pellets.

⬇ Agricultura

A biomassa agrícola utilizada para fins energéticos é geralmente um resíduo não comestível, mas também pode ser cultivada especificamente para a bioenergia. A cultura do milho pode assim ser reservada ao consumo alimentar ou à produção de biomassa.

O bioetanol é obtido principalmente a partir de culturas especificamente destinadas à sua produção. As culturas em causa são a cana-de-açúcar, o milho, os cereais, a beterraba sacarina, a batata, o sorgo e a mandioca. O biodiesel é produzido a partir da soja, das palmeiras e da Brassica napus.

⬇ Lixo

Os resíduos de biomassa incluem principalmente resíduos de processos industriais, resíduos sólidos e líquidos provenientes da agricultura, como o estrume, resíduos urbanos biodegradáveis, como o composto e o papel, e resíduos de construção, como a madeira.

4. Tipos e métodos de produção

⬇ Sob a forma de calor

✓ O caso da madeira

A energia química da madeira é libertada por combustão sob a forma de calor utilizado para aquecimento ou para gerar eletricidade. A lenha é utilizada em grande escala. A pirólise e a gaseificação são mais raras, e a carbonização hidrotérmica é ainda mais rara. As fábricas de pasta de papel fornecem uma matéria-prima que pode produzir calor e eletricidade simultaneamente em cogeração.

Outras bioenergias são derivadas diretamente de resíduos orgânicos, por exemplo, os resíduos utilizados nas fábricas de cimento como combustíveis sólidos de substituição (CSF) para poupar petróleo.

Ameaças e desvantagens

- ✓ Os custos e os impactos do transporte para levar a madeira para onde o recurso está em falta,
- ✓ Os riscos de sobre-exploração e de desflorestação induzida ou de usurpação de terras para deslocalizar a produção de biocombustíveis para os países ricos (em África, em 2010, 4,5 milhões de hectares de terras, o equivalente à Dinamarca, foram adquiridos por investidores estrangeiros para a produção de agrocombustíveis, em detrimento das culturas alimentares locais ou da floresta.
- ✓ Este problema diz igualmente respeito à queima de madeira nas centrais eléctricas; por exemplo, a reconversão da central eléctrica de Drax (Reino Unido) para a biomassa é reveladora deste problema: o seu abastecimento exige 13 milhões de toneladas de madeira por ano, ou seja, 120% da produção total de madeira do Reino Unido. Em apenas alguns anos, o Reino Unido aumentou maciçamente as suas importações de madeira, nomeadamente dos Estados Unidos, alimentando uma grande destruição das florestas naturais da costa leste.
- ✓ Os problemas de poluição atmosférica causados pela combustão mal controlada da madeira, um combustível sólido (diz respeito, em especial, aos antigos sistemas de aquecimento não automáticos, sobretudo em zonas de povoamento próximo). A utilização de lenha ou de carvão vegetal em habitações mal concebidas ou mal ventiladas pode provocar problemas de saúde nos residentes e nas populações locais. "No contexto internacional de forte

dependência de energias independentemente das suas origens, como o carvão, o petróleo e o nuclear, a energia da biomassa está a tornar-se cada vez mais importante [...] Embora as chamadas energias verdes sejam uma excelente solução por serem neutras no ciclo do carbono, a biomassa causa problemas com as emissões de partículas. As bioenergias são, portanto, ecológicas em termos de CO2, mas podem ser poluentes, degradando a qualidade do ar".

✓ Dado que a madeira emite mais óxidos de azoto (NOx) do que os combustíveis fósseis, como o gás natural e o fuelóleo, o desenvolvimento da energia da biomassa, como parte do desenvolvimento das energias renováveis, "desempenha um papel preponderante em relação a outras energias na evolução das emissões de NOx".

⬧ Estratégias para reduzir estes inconvenientes

Existem várias soluções que evitam a combustão direta:

- **torrefação de biomassa**. A biomassa torrificada (também conhecida como "Biocoal" ou "Biochar") é aligeirada e arde melhor e de forma mais limpa. Pode ser utilizada para produzir eletricidade e calor (cogeração, se necessário), aquecimento central, etc. Este novo combustível oferece novas perspectivas para as energias renováveis. Mais concretamente, ao torrificar a biomassa (por exemplo, a madeira), o PCI passa de 1011 GJ/m3 para 18-20 GJ/m3, o que permite uma economia de cerca de 50% nos custos de transporte. Uma tecnologia emergente, ainda mais eficiente em termos de pegada de carbono e eficiência energética, é a carbonização hidrotérmica.

- a transformação da madeira em gás natural de síntese. Se as superfícies florestais permanecerem constantes, perto dos locais de utilização, e se a quantidade retirada corresponder anualmente ao crescimento anual das árvores, a energia da madeira não contribui para a desflorestação e tem pouco impacto no efeito de estufa (ver a pegada de carbono da energia da madeira).

- O aumento da utilização de combustíveis à base de lenhina (em vez de celulose), mas o seu valor energético é muito variável. O Miscanthus (ou capim-elefante) é objeto de estudos, nomeadamente no Reino Unido, na Bélgica e nos Estados Unidos. Tem a vantagem de ter um rendimento energético muito bom (próximo do do carvão para o mesmo peso): cerca de 10 kWh por metro quadrado por ano.

⬥ Por conversão biológica

✓ Biogás

O biogás é o efluente gasoso, principalmente metano, resultante da fermentação da matéria orgânica contida em aterros sanitários, estações de tratamento de águas ou digestores construídos para o efeito. O metano é um poderoso gás com efeito de estufa e a sua captura é altamente desejável em qualquer caso. Pode ser considerado um recurso energético, muitas vezes através da sua combustão para produzir vapor e eletricidade; pode também ser considerada a sua utilização direta em motores a gás pobre. O biogás é um gás combustível, composto em média por metano (CH_4) a 60% e CO_2 a 40%.

✓ Sob a forma de combustível: biocombustíveis

Existem duas famílias de biocombustíveis:

óleo vegetal bruto e ésteres de óleos vegetais (colza, etc.); etanol, produzido a partir do trigo e da beterraba, que pode ser incorporado no super sem chumbo sob a forma de éter etil-ter-butílico (ETBE, ver bioetanol).

Capítulo 2: Descrição das principais tecnologias de produção de gás de biomassa

A produção de biomassa pode ser alcançada através de uma variedade de tecnologias, cada uma adaptada a um tipo específico de biomassa e ao objetivo energético. Segue-se um resumo dos principais métodos:

- ✓ **Combustão:** Este é o método mais simples e mais antigo. Envolve a queima de biomassa (como madeira ou resíduos vegetais) para produzir calor, que pode depois ser utilizado para cozinhar, aquecer, água quente ou eletricidade.
- ✓ **Gaseificação:** Esta tecnologia transforma a biomassa sólida num gás combustível (biogás) através da reação com gases reagentes como o vapor de água e o dióxido de carbono. O biogás produzido pode ser utilizado para gerar eletricidade ou como combustível **Produção de biocombustíveis**: A biomassa pode ser convertida em biocombustíveis líquidos, como o etanol ou o biodiesel, que podem ser utilizados nos transportes.
- ✓ **Processo seco:** Envolve a combustão direta de materiais sólidos, como a madeira, para produzir eletricidade ou para aquecimento
- ✓ **Processo húmido:** Este método utiliza biomassa húmida, como resíduos alimentares ou chorume, para produzir biogás através de fermentação anaeróbia.

Para uma explicação mais detalhada do funcionamento de uma central eléctrica a biomassa, pode consultar recursos online, como vídeos educativos ou artigos especializados. Estes recursos explicam os processos de conversão da biomassa em diferentes formas de energia renovável e como estas tecnologias podem ser integradas nos sistemas energéticos actuais.

1. Definição e tipos de biomassa

A biomassa refere-se a toda a matéria orgânica suscetível de ser transformada em energia. É uma reserva considerável de energia que nasce da ação do sol através da fotossíntese. Existe sob a forma de carbono orgânico. É recuperada por processos específicos consoante o tipo de constituinte.

A matéria orgânica inclui tanto os materiais de origem vegetal (resíduos alimentares, madeira, folhas) como os de origem animal (carcaças de animais, seres vivos do solo).

As origens da biomassa podem ser divididas em três categorias:

- silvicultura, como a serradura e a madeira;
- como o chorume, o estrume e a palha;
- fermentáveis, como as lamas das estações de tratamento de águas residuais.

Existem três formas de biomassa com características físicas muito diferentes:

- o sólidos (por exemplo, palha, aparas, toros);
- o líquidos (por exemplo, óleos vegetais, bioálcoois);
- o Gasoso (por exemplo, biogás).

Só é considerada uma fonte de energia renovável se a sua regeneração for pelo menos igual ao seu consumo (por exemplo, a utilização de madeira não deve conduzir a uma redução do número de árvores).

2. Produção de energia a partir de biomassa

A valorização energética da biomassa pode produzir três formas de energia útil, consoante o tipo de biomassa e as técnicas utilizadas:

- calor;
- eletricidade;
- uma força motriz para a deslocação.

Existem três processos de valorização da biomassa: seco, húmido e produção de biocombustíveis.

A. A via seca

O processo seco é constituído principalmente pelo processo termoquímico, que inclui as tecnologias de combustão, gaseificação e pirólise:

- **A combustão** produz calor através da oxidação completa do combustível, normalmente na presença de ar em excesso.
- ✓ A água quente obtida é utilizada nas redes de aquecimento urbano ou no sistema de aquecimento central dos indivíduos equipados com caldeiras de biomassa (madeira, pellets e aparas florestais).
- ✓ O vapor resultante pode ser enviado a uma turbina ou a uma máquina a vapor para a produção de energia mecânica ou, sobretudo, de eletricidade.

✓ A produção combinada de calor e eletricidade é designada por cogeração.

    ✦ **A gaseificação** da biomassa sólida é efectuada num reator específico, o gaseificador. Consiste numa reação entre o carbono da biomassa e os gases reagentes (vapor de água e dióxido de carbono). O resultado é a transformação completa da matéria sólida, com exceção das cinzas, num gás combustível composto por hidrogénio e monóxido de carbono. Este gás, após purificação e filtragem, é queimado num motor de combustão para a produção de energia mecânica ou de eletricidade. A cogeração também é possível com a técnica de gaseificação;

    ✦ **A pirólise** é a decomposição de matérias carbonosas sob a ação do calor. Dá origem a um sólido, o carvão vegetal, a um líquido, o óleo de pirólise, e a um gás combustível. Uma variante da pirólise, a termólise, está atualmente a ser desenvolvida para o tratamento de resíduos orgânicos domésticos ou de biomassa contaminada.

É de salientar que a biomassa é utilizada há séculos para aquecer casas e alimentos com lenha. As lareiras e os fogões a lenha continuam a ser a principal fonte de aquecimento em todo o mundo.

B. O processo húmido

O principal sector do processo húmido é a digestão anaeróbia. Trata-se de um processo baseado na degradação da matéria orgânica por microorganismos. Realiza-se num digestor aquecido sem oxigénio (reação em meio anaeróbio). Este processo permite a produção de:

- **biogás,** que é o produto da digestão anaeróbia de materiais orgânicos;
- **digerido,** que é um resíduo da digestão anaeróbia, composto por matéria orgânica não biodegradável.

C. Produção de biocombustíveis

Os biocombustíveis são combustíveis líquidos ou gasosos criados a partir de uma reação de:

    ✓ entre o óleo (colza, girassol) e o álcool no caso do biodiesel;

✓ a partir de uma mistura de açúcar fermentado e gasolina, no caso do bioetanol.

Existem 3 gerações de biocombustíveis:

- 1ª geração: biocombustíveis criados a partir de sementes;
- 2ª geração: biocombustíveis criados a partir de resíduos de culturas não alimentares (palha, caules, madeira);
- 3ª geração: biocombustíveis criados a partir de hidrogénio produzido por microrganismos ou de óleo produzido por microalgas.

Uma das virtudes dos biocombustíveis de segunda e terceira geração é o facto de não "ocuparem" terrenos agrícolas em concorrência com a produção de alimentos para o homem.

Estes biocombustíveis podem assumir diferentes formas:

- ésteres de óleos vegetais produzidos, por exemplo, a partir de sementes de colza (biodiesel);
- etanol, produzido a partir do trigo e da beterraba, que pode ser incorporado no super sem chumbo sob a forma de ETBE (Ethyl Tertio Butyl Ether). Este ETBE favorece a incorporação de etanol na gasolina (até 15% do volume no SP95, até 22% no caso do SP95-E10).

No entanto, o melhoramento da biomassa não produz apenas biocombustíveis.

3. Prós e contras

A. Benefícios da biomassa

A valorização energética da biomassa pode aumentar a quota de energias renováveis num cabaz energético e reduzir a dependência do petróleo ou do gás. A diversidade da matéria orgânica que compõe a biomassa permite que muitos países tenham acesso a este recurso. Pode, por conseguinte, promover a sua independência energética.

Além disso, a biomassa contribui para a luta contra as emissões de gases com efeito de estufa, na medida em que o CO_2 libertado pela combustão das bioenergias é compensado pelo CO_2 absorvido pelas plantas durante o seu crescimento. A recuperação do biogás dos aterros permite também captar o metano da biomassa, um gás com um efeito de estufa muito forte.

Por último, a valorização dos resíduos permite encontrar uma saída económica para muitos sectores, como a agricultura, a silvicultura e a restauração colectiva.

B. Debates sobre a biomassa

No entanto, a utilização da biomassa pode, nalguns casos, conduzir a desequilíbrios ambientais. É comum a confusão entre energias renováveis e energias "limpas".

A concessão de parcelas à indústria dos biocombustíveis está a reduzir a dimensão das terras agrícolas destinadas à alimentação em alguns locais. Alguns peritos receiam que o aumento dos biocombustíveis de primeira geração possa desencadear uma crise alimentar mundial, especialmente no contexto de um forte crescimento da população terrestre.

4. Principais intervenientes, de montante a jusante

A. Gestores de resíduos

São os líderes na valorização energética dos resíduos domésticos, mas também na mecanização, porque controlam os centros de abastecimento (centros de triagem). Entre estes gestores de resíduos encontram-se a Veolia, a Suez e a TIRU (uma filial da Paprec).

B. Actores do sector da energia

Produtores como a EDF e a Engie, bem como operadores de redes de aquecimento como a Dalkia e a Cofely, utilizam a biomassa sólida (madeira e seus subprodutos) para diversificar o seu cabaz energético.

C. A indústria da madeira

Fornecem madeira aos actores do sector energético. Nalguns casos, podem eles próprios reciclar os seus resíduos de produção para reduzir a sua dependência dos combustíveis fósseis, como é o caso da empresa do Quebeque Tembec ou do grupo finlandês UPM.

D. Autoridades locais

Decidem sobre as políticas locais de gestão de resíduos, mas também sobre a instalação de infra-estruturas locais de produção de energia (aquecimento urbano, cogeração, etc.). Por conseguinte, desempenham um papel fundamental na evolução da biomassa, nomeadamente em termos de valorização dos resíduos.

5. Poder calorífico

Para produzir energia, são necessárias grandes quantidades de biomassa, uma vez que o seu PCI não é muito elevado:

- o Palha: 14,3 MJ/kg;
- o Madeira (em estado selvagem): 10,8 MJ/kg
- o Resíduos urbanos, bagaço (resíduo fibroso da cana-de-açúcar): 7,77 MJ/kg.

É de notar que o poder calorífico da madeira está diretamente relacionado com o seu teor de humidade. Os granulados de madeira com um teor de humidade muito baixo (5 a 10%) têm um PCI muito melhor, cerca de 18 MJ/kg. A título de comparação, o PCI do gasóleo de aquecimento é de cerca de 42 MJ/kg (26 MJ/kg para o carvão).

A biomassa cobre quase 10% das necessidades energéticas mundiais. Dois terços do consumo mundial de energia de biomassa são utilizados para cozinhar e aquecer nos países em desenvolvimento.

- ✓ O poder calorífico superior (PCS) refere-se à libertação máxima teórica de calor que pode ser extraída de um combustível durante a combustão.
- ✓ O poder calorífico inferior (PCI) não tem em conta o calor de condensação do vapor de água que é libertado durante a combustão. Este PCI é frequentemente utilizado para comparar o poder calorífico de diferentes combustíveis. Pode ser expresso em megajoules por kg (MJ/kg) ou em kWh/kg, sabendo que 1 kWh = 3,6 MJ.

6. Recursos e utilizações do amanhã

Nos próximos anos, a sua utilização e o seu impacto ambiental poderão sofrer alterações significativas.

A. A valorização do miscanthus

Esta planta originária da Ásia produz uma grande quantidade de biomassa e é económica em termos de insumos. A produtividade excecional do miscanthus explica-se pelo seu metabolismo fotossintético particular, como o do milho, da cana-de-açúcar ou do sorgo.
Isto permite-lhe ser mais eficaz na captação do dióxido de carbono e na transformação deste dióxido de carbono em matéria orgânica. Além disso, o miscanthus é uma planta perene que necessita de uma única fase de implantação para mais de quinze anos de cultivo.

B. Biocombustíveis de 3ª geração

Os biocombustíveis de terceira geração são produzidos a partir de microalgas ricas em lípidos.

Podem acumular entre 60% e 80% do seu peso em ácidos gordos, o que poderia sugerir uma produção anual de cerca de trinta toneladas de óleo por hectare. A título de comparação, o rendimento da colza é 30 vezes inferior.

No entanto, os processos de fabrico para extrair o óleo ainda são pouco dominados. O método atual (centrifugação, secagem e solvente orgânico) consome muita energia.

7. Sabia que?

A fibra da cana após a extração do açúcar, chamada de "bagaço", é um resíduo do processo de beneficiamento da cana-de-açúcar. No Brasil, 21% da energia consumida pela indústria foi proveniente desse bagaço em 2010.

Para além do consumo interno, os principais países do mundo que utilizam a biomassa são o Brasil, os Estados Unidos e a Índia.
A biomassa e os resíduos representaram 67,6% da produção primária de energia renovável na União Europeia em 2010.

Capítulo 3: Características dos gases brutos da biomassa

1. Gás verde, biometano, biogás: qual é a diferença?

O gás está a tornar-se renovável graças ao aumento do gás verde. Produzido localmente a partir de resíduos orgânicos, o gás verde tem as mesmas características e utilizações que o gás natural para aquecimento, cozedura ou água quente.

O gás verde é um termo genérico para todas as formas de gás renovável. Embora o biogás e o biometano sejam ambos gases verdes produzidos pela decomposição de matéria orgânica, têm propriedades diferentes. Descubra o que caracteriza o biogás e o biometano.

A. Gás verde: uma energia local e renovável

Embora tenha as mesmas propriedades que o gás natural, o gás verde não tem as mesmas origens. Com efeito, enquanto o gás natural é um combustível fóssil composto principalmente por metano extraído do solo, o gás verde é produzido em França a partir de resíduos orgânicos provenientes de resíduos agrícolas, agro-alimentares e domésticos. O processo técnico denominado metanização permite transformar estas matérias-primas renováveis em gás verde.

B. Biometano e biogás: qual é a diferença?

Já ouviu falar de biogás e de biometano mas não sabe qual é a diferença? O biometano é simplesmente a versão purificada do biogás. De facto, o tratamento dos resíduos em unidades de digestão anaeróbia (ou metanizadores) dá origem a uma energia renovável: o biogás.

O biogás pode ser utilizado tal como está para produzir eletricidade, por exemplo. Mas para ser injetado na rede pública de gás natural, deve primeiro ser purificado e odorizado. Assim, após a dessulfuração, a desidratação e a descarbonização, o biogás transforma-se em biometano, um gás verde que é utilizado exatamente como o gás natural.

C. Como é produzido o biogás?

É o processo de metanização que permite a produção de biogás em França.

A digestão anaeróbia baseia-se no processo de fermentação da matéria orgânica. A degradação destes resíduos orgânicos tem lugar num metanizador. Trata-se de uma instalação específica num local denominado "digestão anaeróbia", também conhecido como centro de metanização.

No final deste processo, são produzidos dois componentes: biogás e digerido. O digerido será utilizado como fertilizante natural para as terras agrícolas, enquanto o biogás será utilizado como energia renovável.

D. Para que é utilizado o biogás?

O biogás da unidade de digestão anaeróbia pode ser utilizado de duas formas:

O biogás é utilizado em cogeração: o biogás do metanizador alimenta um motor para produzir eletricidade renovável redistribuída na rede pública, e/ou calor, utilizado nas proximidades para abastecer escolas ou piscinas municipais, por exemplo.

Transformado em biometano, o biogás é um gás verde que é odorizado por razões de segurança e depois injetado na rede de distribuição de gás.

E. Qual é a composição do biogás?

O biogás é composto principalmente por metano (CH_4) e dióxido de carbono (CO_2). O biogás também contém pequenas quantidades de sulfureto de hidrogénio (H_2S) e amoníaco (NH_3)

Após a dessulfuração, a desidratação e a descarbonização, o biogás transforma-se em biometano, um gás verde que tem a mesma composição que o gás natural.

F. O que é o biometano?

O biometano é uma energia renovável produzida a partir do tratamento de resíduos orgânicos. Uma vez injetado na rede de distribuição de gás, o biometano chega a sua casa e pode ser utilizado para aquecimento, cozinhar, água quente, etc. Em suma, substitui o gás natural, mas numa versão 100% local e renovável. Como o gás verde tem as mesmas características que o gás natural, pode ser utilizado para alimentar equipamentos a gás já instalados em sua casa e pode subscrever uma oferta de gás verde do seu fornecedor de gás, se este a oferecer.

O teor de carbono do biometano produzido em França e injetado nas redes de gás é, em média, de apenas 44 g CO_2eq/kWh PCI, o que é cerca de cinco vezes inferior ao do gás natural. (Fonte: ADEME Carbon Base).

2. Características da biomassa

A biomassa é toda a matéria orgânica, vegetal, animal e fúngica, que pode ser utilizada para produzir energia. Das várias formas de energia renovável, a biomassa é, sem dúvida, a mais antiga. A biomassa é, sem dúvida, a mais antiga das formas de energia renovável.

A. A utilização da biomassa como fonte de energia

Fonte de energia, a biomassa nasce de uma reação química chamada "fotossíntese". De certa forma, é considerada uma forma de armazenamento de energia solar. A combustão da biomassa produz obviamente dióxido de carbono na atmosfera, como no caso dos combustíveis fósseis, como o petróleo, o gás e o carvão.
No entanto, ao contrário dos combustíveis fósseis, o CO2 produzido pela biomassa é imediatamente capturado pelas plantas durante o seu crescimento. Esta é a principal diferença entre esta energia renovável e os combustíveis fósseis. Por conseguinte, a biomassa é uma fonte de energia renovável e inesgotável, desde que não seja objeto de sobre-exploração. Para sua informação, a biomassa produz energia de várias formas: por metanização, por combustão, por tratamento químico.

B. As diferentes técnicas de produção de energia a partir da biomassa

Como já foi referido, a biomassa produz energia por combustão. Exemplos disso são os resíduos vegetais e a madeira. A queima destes materiais provoca a produção de energia eléctrica ou calor. Exemplos de aparelhos que utilizam biomassa são as caldeiras a lenha, as lareiras e os fogões de lenha.

Quanto à energia da biomassa por metanização, esta requer resíduos, como os resíduos orgânicos domésticos, que serão transformados em biogás. Esta técnica é efectuada pela presença de microorganismos e por fermentação. Finalmente, no que respeita à biomassa para a agricultura, serão utilizados resíduos orgânicos, tais como estrume, chorume, resíduos verdes, etc.

C. Os benefícios da biomassa

São várias as razões que levam as pessoas a utilizar a biomassa como fonte de energia. Em primeiro lugar, ao contrário dos combustíveis fósseis, a biomassa é limpa e natural. A utilização da biomassa aumenta consideravelmente a percentagem de utilização de energias renováveis e, ao mesmo tempo, reduz a dependência do gás e do petróleo. Além disso, a diversidade de matérias-primas permite que os países utilizem esta fonte de energia e, consequentemente, promove a sua independência energética.

Além disso, a biomassa é uma fonte de energia que ajuda a combater as emissões de gases com efeito de estufa, desde que o CO2 absorvido compense o CO2 produzido pela combustão da bioenergia. Para vossa informação, a recuperação do biogás nos aterros sanitários é uma solução eficaz para capturar o metano libertado pela biomassa.

Por último, a biomassa é uma energia sustentável e renovável, desde que a sua utilização seja controlada. Em algumas situações, a utilização da biomassa conduz a desequilíbrios ambientais. A mistura entre energia renovável e limpa é bastante comum. É importante ressaltar que essa fonte de energia é considerada renovável, se e somente se for renovada.

1. O que é a bioenergia?

A bioenergia é a energia libertada da matéria-prima ou biomassa recentemente viva quando utilizada como combustível. As plantas vivas utilizam energia para combinar dióxido de carbono, água e minerais do solo como material vegetal através do processo de fotossíntese.

Este material vegetal é constituído por fibras, óleos e hidratos de carbono ricos em energia. Entre os tipos de biomassa que podem ser utilizados para produzir energia, encontram-se a madeira, as colheitas, os resíduos vegetais e muitos outros materiais biológicos. Este Guia centra-se nas fontes de biomassa florestal que são ricas em fibras celulósicas.

A maioria das pessoas compreende intuitivamente o conceito de bioenergia. Utilizam a biomassa para produzir calor a partir de séculos. Mais de três milhões de canadianos continuam a utilizar a madeira para aquecer as suas casas e, em algumas partes do mundo, a biomassa continua a ser a principal fonte de calor.

Em maior escala, o papel e os produtos de madeira produzem vapor ou água quente e eletricidade a partir da biomassa florestal numa escala industrial durante muitos anos. Os resíduos lenhosos e os subprodutos, como o "licor negro" da produção de polpa de madeira, são biocombustíveis importantes, uma vez que contribuem significativamente para as necessidades energéticas da indústria.

Algumas comunidades canadianas utilizam a biomassa florestal para fornecer calor ou uma combinação de eletricidade e calor (produção combinada) a instalações maiores e a vários edifícios.
Este guia abrange as aplicações de zonas residenciais a esta escala. Os projectos de maior dimensão estão a surgir gradualmente no Canadá.

Utilizam a biomassa florestal isoladamente ou em combinação com outra fonte de combustível (por exemplo, co-combustão com carvão ou gás natural) para fornecer eletricidade à rede eléctrica (produção distribuída de energia).

2. A energia é derivada da biomassa A silvicultura é renovável?

Um dos principais elementos que suscitam o interesse pela bioenergia derivada da madeira está relacionado com a base de recursos renováveis e sustentáveis. O crescente interesse pelas fontes de energia renováveis advém da necessidade de contrariar os impactes das alterações climáticas associadas à utilização de combustíveis fósseis.

A energia produzida a partir da biomassa florestal é considerada uma fonte renovável, mas ao contrário de outras fontes de energia renováveis (por exemplo, eólica e solar), a produção de bioenergia resulta em emissões de dióxido de carbono (CO_2), um gás com efeito de estufa. A diferença entre a bioenergia e a energia proveniente de fontes como o fuelóleo e o petróleo para o balanço das emissões de CO_2 e a sua absorção no ciclo do carbono.

A queima de combustíveis fósseis liberta na atmosfera o carbono que estava armazenado no subsolo e conduz a uma acumulação de CO_2, um gás com efeito de estufa. Quando a biomassa florestal proveniente de uma floresta gerida de forma sustentável é utilizada para produzir bioenergia, o carbono é reciclado entre a atmosfera e as florestas, porque existe um equilíbrio entre a quantidade de carbono libertada para a atmosfera pela queima de madeira para produção de energia e a absorção de carbono ao longo do tempo, à medida que a floresta cresce e se regenera.

A produção de bioenergia a partir da biomassa florestal conduz a determinadas emissões associadas aos combustíveis fósseis utilizados durante o abate de árvores, o transporte e a transformação da biomassa e a construção de instalações para a conversão da biomassa em energia. As emissões totais de carbono ou as emissões líquidas da produção de energia a partir da biomassa continuam a ser consideravelmente inferiores às emissões de carbono de fontes não renováveis, como o gás, o gasóleo para aquecimento e o carvão.

Emissões líquidas de dióxido de carbono para a mesma quantidade de energia proveniente de diferentes fontes. A conversão de um sistema de combustão alimentado a petróleo ou gás para um sistema de combustão a gás pode reduzir significativamente a quantidade de emissões líquidas (com base na quantidade de combustível fóssil substituído consumido) e moderar as alterações climáticas.

3. Quais são as fontes de biomassa florestal disponíveis para projectos de bioenergia?

A biomassa florestal para a produção de bioenergia pode provir de uma variedade de fontes, incluindo a colheita, a fábrica e os resíduos de povoamentos florestais a pé. Os resíduos vegetais são o desperdício do processamento primário e incluem Estes incluem: casca removida antes da serragem; A biomassa florestal para produção de bioenergia pode provir de uma variedade de fontes, incluindo a colheita, a fábrica e os resíduos de povoamentos florestais a pé.

Os resíduos vegetais são os resíduos do processamento primário e incluem Estes incluem: a casca removida antes da serração; serradura e aparas; as placas e os lados de corte. A exploração florestal também pode produzir resíduos, incluindo as copas e os ramos, e as árvores removidas nos cortes de desbaste. Os povoamentos florestais em pé adequados para a produção de bioenergia incluem madeira de qualidade inferior e madeira de plantações em crescimento rápido. Todas estas fontes de biomassa podem ser transformadas em pellets, em aparas ou utilizadas inteiras. Nesse caso, são frequentemente designadas por matérias-primas de biomassa. (de gado).

A disponibilidade pode mudar à medida que a indústria retoma. Em muitas partes do Canadá, os resíduos vegetais não estarão prontamente disponíveis para novos projectos de bioenergia, o que levou à transição para fontes de biomassa colhida diretamente da floresta. No caso dos resíduos de culturas, as preocupações ambientais e a regulamentação, bem como as limitações financeiras e técnicas relacionadas com o acesso, a recolha e o transporte de materiais limitam, por enquanto, a sua utilização.

No entanto, estes resíduos continuam a ser a matéria-prima devido ao custo da conversão do povoamento florestal em pé. O mercado da biomassa para as árvores removidas durante o desbaste pré-comercial e para as árvores de menor qualidade removidas durante a exploração pode alterar-se com o aumento dos preços dos combustíveis fósseis.

A bioenergia beneficia de investimentos adicionais e de apoio governamental. Este mercado dependerá dos mercados de produtos florestais de alta qualidade.
Poderá ajudar a compensar os custos das actividades de gestão florestal sustentável que contribuem para a saúde geral das florestas.

4. Será que toda a biomassa florestal tem o mesmo valor para a produção de bioenergia?

Devido à grande variação nas fontes de biomassa florestal, a qualidade do combustível produzido também pode ser variável. Os vários sistemas de produção de energia a partir da biomassa utilizam combustíveis cujas normas e tolerâncias variam de forma diferente. Por isso, é importante utilizar a fonte de combustível correcta, da qualidade correcta, com o sistema correto, especialmente nos sistemas mais pequenos.

As propriedades, como o teor de humidade, a composição mineral, o tamanho e a densidade do combustível e a espécie da árvore, têm impacto no desempenho de uma fonte de combustíveis de madeira:

A. Teor de humidade.

A quantidade de humidade contida na biomassa florestal afecta o seu poder calorífico. Metade do peso da madeira verde ou fresca é constituída por água e, quando é queimada, a maior parte da energia térmica é utilizada para aquecimento e evaporação da água.

Por esta razão, um teor de humidade mais baixo é geralmente preferível para a produção de bioenergia. Idealmente, este variaria entre 30% e 45% para a maior parte da combustão, mas os sistemas de bioenergia podem geralmente tratar um nível de humidade mais elevado. de 15% a 50%. Os pellets de madeira são mais eficientes com o Processamento e secagem até um tamanho uniforme e um teor de humidade de apenas cinco a seis por cento. Os combustíveis muito secos também podem causar problemas.

Produzem poeiras e aumentam as emissões de partículas. O teor também afecta o manuseamento do combustível em tempo frio e os custos de transporte (a água aumenta o peso).

B. Composição mineral:

A composição da biomassa florestal também tem um impacto na eficácia da combustão. Os minerais naturalmente presentes na biomassa e os detritos do combustível recolhidos durante a colheita produzem cinzas. Idealmente, num sistema de combustão, a consistência das cinzas permanece pulverulenta. No entanto, a presença de sílica e de minerais alcalinos (por exemplo, sódio, enxofre, potássio e cloro) pode causar problemas ao equipamento durante a combustão, a fusão e a fusão e afetar a eficácia global.

Idealmente, o teor de cinzas deve ser inferior a três por cento. Está a tornar-se problemático, especialmente quando é superior a oito por cento. Este teor torna-se mais problemático quando se utilizam gramíneas e resíduos de culturas em vez de madeira.

No entanto, a utilização da casca também pode causar problemas em instalações que produzem energia a partir de biomassa florestal.

C. Tamanho e densidade do combustível:

A dimensão e a densidade das partículas de lenha também afectam a eficiência da combustão, do transporte, do armazenamento e do manuseamento.

D. Espécies de árvores:

O tipo de árvore de onde provém a biomassa florestal pode ter um efeito no seu valor combustível. A madeira macia parece ter um teor de humidade ligeiramente superior e uma densidade de madeira inferior à da maioria das árvores de folha caduca. As folhosas têm um valor calorífico por libra seca ligeiramente superior ao da madeira macia.

A biomassa florestal pode ser transformada ou tratada previamente para se tornar mais adequada à produção de bioenergia, por exemplo, através de secagem, trituração e granulação.
A madeira é seca para otimizar o processo de combustão e reduzir ao mínimo as emissões que poderiam resultar de uma combustão incompleta. A madeira seca tem um valor energético mais elevado por unidade do que a madeira com um teor de humidade mais elevado. A secagem da madeira pode também facilitar o seu armazenamento.

As aparas de madeira provêm normalmente de resíduos de culturas e de madeira sólida. A granulação ou briquetagem é um processo de compressão de resíduos de espécies lenhosas, como a serradura, em pequenos grânulos ou briquetes maiores para aumentar a densidade aparente e produzir uma matéria-prima de tamanho uniforme e com o mesmo teor de humidade. A fragmentação e a granulação aumentam a eficiência do manuseamento e do transporte. Os sistemas de aquecimento a biomassa foram desenvolvidos para tratar uma vasta gama de combustíveis de madeira, com diferentes tamanhos, humidade e cinzas. É importante prestar especial atenção aos atributos destes combustíveis, examinando a sua disponibilidade, custo e conceção de sistemas que produzem energia a partir da biomassa florestal.

5. Eletricidade, calor e combinação de eletricidade e calor a partir da biomassa florestal

Existem várias tecnologias na América para converter matéria-prima de biomassa florestal em energia.

Esta energia pode assumir a forma de calor ou eletricidade e é possível integrar estes sistemas de produção combinada de calor e eletricidade (CHP). A produção de eletricidade, calor e PCEC em pequenas, médias e comunitárias vantagens e desvantagens.

Este artigo apresenta algumas destas considerações. Resumimos o consumo de combustível e a eficiência de uma variedade de instalações de bioenergia. Os sistemas de bioenergia existem para apoiar uma variedade de projectos, desde os pequenos aos grandes, utilizados em instalações como escolas, colégios, universidades, hospitais, edifícios governamentais, hotéis, edifícios comerciais, estufas, quintas, fábricas e comunidades de sistemas de produção e energia.

A rede de aquecimento e arrefecimento urbano pode servir vários edifícios numa comunidade que utilize uma "micro-rede". Esta inclui uma unidade central e uma rede de condutas subterrâneas que distribuem energia térmica sob a forma de água quente, de vapor ou de água doce.

Embora estes sistemas existam e tenham sido evidenciados no Canadá, continuam a existir barreiras que impedem a sua aplicação generalizada, muitas vezes devido ao investimento inicial e ao compromisso a longo prazo para com a recuperação dos custos do projeto (particularmente nos sectores comerciais), bem como à competitividade com as medidas de energia não renovável, os incentivos e as políticas estratégicas do governo.

6. Tecnologias da biomassa para a produção de eletricidade e calor

A forma mais fácil e mais comum de converter a biomassa florestal em energia é queimá-la. O processo de combustão combina o oxigénio do ar com o biocombustível para produzir calor, carbono e água. A quantidade de calor produzida durante a combustão depende da composição química e da humidade do combustível.

As tecnologias descritas nesta secção centram-se na conversão da biomassa florestal por combustão, reconhecendo que existem outras novas tecnologias que podem ser utilizadas para converter a biomassa em biocombustíveis gasosos ou líquidos. A biomassa florestal também pode ser utilizada para produzir produtos químicos que não são utilizados diretamente para a bioenergia.

A maioria dos sistemas de produção de energia a partir de biomassa inclui um sistema de aquecimento ou uma unidade de aquecimento a combustão que fornece calor a uma caldeira. A água e o vapor da caldeira podem ser utilizados diretamente para obter calor ou passar por um turbo-alternador para produzir eletricidade. Nas instalações em que o ar é distribuído para aquecimento, é utilizado um permutador de calor gás-ar em vez de uma caldeira.

<h2 style="text-align:center">Capítulo 5: Os principais princípios da termodinâmica</h2>

I. As bases da Termodinâmica: os princípios fundamentais e as suas aplicações directas.

A. Termodinâmica: conceitos básicos e definições

Os primeiros desenvolvimentos da termodinâmica podem ser datados dos trabalhos de Carnot (1824) sobre as máquinas térmicas, que conduziram posteriormente à enunciação dos dois princípios fundamentais. Desde o início, a termodinâmica foi, portanto, a expressão da confluência entre duas disciplinas até então desarticuladas, a engenharia térmica e a mecânica.

Desde então, as aplicações da termodinâmica multiplicaram-se, da mecânica à química e à biologia, passando pelo eletromagnetismo. Em rigor, não se trata de uma nova ciência, mas sim de um formalismo unificador que trata das transformações da energia, sob todas as suas formas. A história atesta esta posição transversal: foi assim que a primeira lei da termodinâmica foi enunciada quase simultaneamente por três cientistas, por volta de 1840:

- ✓ Von Mayer, um médico que se baseou em observações fisiológicas para justificar a equivalência entre trabalho, calor e energia química;

- ✓ Joule, que demonstrou as equivalências entre a energia eléctrica e o trabalho mecânico;

- ✓ Carnot, que tinha explorado a transformação do calor em trabalho.

A segunda lei da termodinâmica, que Carnot paradoxalmente enunciou antes da primeira (numa altura em que a natureza exacta do calor ainda não era compreendida), trata da evolução dos sistemas e introduz a noção essencial de entropia. A sua leitura no contexto da termodinâmica dos fenómenos irreversíveis é, de facto, um dos instrumentos essenciais para compreender a evolução do universo e a natureza do tempo: tornou-se uma das bases da reflexão filosófica moderna.

A conjugação dos dois princípios permite definir de forma muito rigorosa as condições de equilíbrio de um sistema, ou seja, o estado para o qual este evoluirá em função das condições externas que lhe são impostas. A termodinâmica do equilíbrio é uma disciplina essencial para o engenheiro e tem aplicações em todos os domínios industriais: qualquer instalação industrial produz ou consome energia e é a sede de fenómenos físico-químicos que evoluem para um estado de equilíbrio que pode ser previsto pela termodinâmica.

Neste curso, trataremos apenas da "termodinâmica do equilíbrio", que aplicaremos mais especificamente aos sistemas mecânicos e químicos em sentido lato.

B. Definição de um sistema

Todos os conceitos da termodinâmica se aplicam aos sistemas materiais. Um sistema é um conjunto de objectos, definido por uma envolvente geométrica macroscópica (deformável ou não).

Assim, podemos sempre distinguir o que está dentro do sistema do que está fora.

Exemplo:

- ✓ a vossa mesa, o computador que está nela, são sistemas;
- ✓ o ar na sala onde trabalha é um sistema;
- ✓ As moléculas de azoto que fazem parte do ar à sua volta não formam um sistema: não existe uma fronteira macroscópica (visível a olho nu) que as delimite.

Sistema fechado ou aberto

o Um sistema diz-se fechado se não trocar matéria com o exterior. o Um sistema diz-se aberto se trocar matéria com o exterior.

C. Descrição do sistema: Variáveis de estado

a) variáveis de estado

Para descrever um sistema, são efectuadas várias medições, que resultam em valores numéricos característicos: são as chamadas variáveis de estado.

A noção de variável de estado deve ser delimitada com precisão:

- ✓ Uma variável de estado caracteriza um estado, não uma evolução entre dois estados: qualquer quantidade que possa ser assimilada a uma velocidade (uma derivada em relação ao tempo) não é uma variável de estado: de facto, não descreve um estado, mas a passagem de um estado para outro (transformação);

✓ As variáveis de estado caracterizam o próprio sistema: as medidas das interacções de um sistema com o mundo exterior não são variáveis de estado.

Uma variável de estado pode ser local (definida em cada ponto do sistema) ou global (definida para todo o sistema).

Exemplo

* As posições dos pontos no sistema são variáveis de estado

* A velocidade de deslocamento do centro de massa de um sistema, uma velocidade de rotação não são variáveis de estado
* a massa é uma variável de estado (descreve a quantidade de matéria contida no sistema), mas o peso (a ação da Terra sobre o sistema) não é uma variável de estado
* O volume é uma variável de estado

Para descrever corretamente os sistemas e as suas transformações, cabe ao engenheiro definir um conjunto de variáveis de estado tão pequeno quanto possível, mas relevante:

+ Em particular, as variáveis de estado devem ser independentes. As propriedades cujos valores derivam das variáveis de estado escolhidas são funções de estado (se, por exemplo, se escolher a massa M e o volume V de um sistema como variáveis de estado, a sua densidade P=M/V *torna-se* uma função de estado);
+ As transformações que vamos estudar devem poder ser descritas pelas variáveis de estado escolhidas. Se, por exemplo, estivermos interessados nas transformações de um sistema fechado deformável, a massa desse sistema não precisa de ser considerada nas variáveis de estado (uma vez que é constante), enquanto o seu volume deve ser incluído nas variáveis de estado.

b) Duas variáveis de estado muito comuns em termodinâmica: temperatura e pressão

- **Temperatura**

A noção de temperatura está muito ligada à nossa perceção: os objectos parecem "quentes" ou "frios" ao toque, mas esta sensação é extremamente subjectiva. Há muito tempo que o homem aprendeu a construir termómetros, que permitem dar uma indicação da temperatura. A interpretação física da noção de temperatura, por outro lado, permaneceu durante muito tempo misteriosa...

De facto, um sistema, mesmo macroscopicamente em repouso, é constituído por partículas (átomos, moléculas, iões) que estão perpetuamente em movimento (movimentos desordenados, no caso dos fluidos, ou oscilações em torno de uma posição de equilíbrio, no caso de uma rede cristalina).

Assumimos que a temperatura é uma medida macroscópica do grau de agitação microscópica das partículas no sistema: quanto maior a temperatura, mais intensa é a agitação microscópica das partículas.

Mesmo que a temperatura seja, portanto, uma medida de uma velocidade, é apenas uma velocidade microscópica de partículas elementares, não uma velocidade macroscópica no sentido da mecânica clássica. A temperatura é, portanto, uma variável de estado.

Para medir temperaturas, os termómetros mais comuns tiram partido da expansão de um fluido ou de efeitos eléctricos (variação da resistividade eléctrica com a temperatura, termopares).

As temperaturas podem ser identificadas na escala Celsius (em °C): o 0 da escala corresponde ao gelo a derreter, o 100 à água a ferver (à pressão atmosférica normal). Podem ser medidas em Kelvin (K), sendo a temperatura em K igual à temperatura em °C à qual 27 3,15 K.

A temperatura em K é sempre positiva: 0 K é a temperatura mais baixa que se pode conceber. A unidade SI de temperatura é o Kelvin e, se a utilização da escala Celsius ainda for tolerada, devem ser evitadas escalas exóticas como a Fahrenheit ou a Rankine!

Pressão

Uma pressão é definida como uma força por unidade de área, sendo a sua unidade SI o Pa. Em qualquer ponto de um fluido, pode ser medida uma pressão que é igual à força exercida pelo fluido num elemento de superfície imerso no fluido. As leis da hidrostática indicam que esta força é independente da orientação do elemento de superfície, mas depende da posição de medição (em particular a profundidade).

A pressão exercida por um fluido sobre um elemento de medição submerso é devida ao peso da coluna de líquido acima do elemento de medição. A pressão hidrostática a uma profundidade *h* é, portanto:

P=Pgh

em que *p* é a densidade do fluido e *g* a aceleração da gravidade.

Esta relação é também utilizada para medir pressões utilizando manómetros de coluna de líquido, em particular o mm *Hg (*mm de mercúrio) ou o medidor de coluna de água.

A noção de pressão abrange, portanto, dois conceitos diferentes:

- a pressão exercida pelo exterior sobre uma parede do sistema é uma ação externa: não é uma variável de estado, na medida em que as variáveis de estado devem descrever o próprio sistema e não a interação do ambiente com o sistema;

- a pressão no interior de um sistema (normalmente um fluido): basta ligar o sistema (ou um ponto do sistema) a um sensor para medir a pressão, pelo que se trata efetivamente de uma variável de estado.

A pressão é medida em Pa (1 Pa=1 N/m2). Outras unidades comuns são o bar (1 bar = 105 Pa), a atmosfera (1 atm = 101325 Pa), o mm de coluna de água (1 mm de coluna de água = 9,8 Pa) e o mm de mercúrio (760 mm Hg = 1 atm).

c) Variáveis intensivas e extensivas

Consideremos dois sistemas rigorosamente idênticos e juntemo-los para formar um só.

- algumas variáveis duplicarão em relação a cada um dos dois sistemas iniciais (massa, volume, número de moles): diz-se que são variáveis extensivas;

- Outras variáveis manterão o mesmo valor (pressão, temperatura, densidade, concentrações): diz-se que são variáveis intensivas.

d) Funções do Estado

Seja um sistema descrito por um conjunto de variáveis de estado a1 an.

Uma função de estado é qualquer função de variáveis de estado isoladas a1 e.

Um sistema é descrito pelas variáveis de estado *M* e *V* (massa e volume). Podemos definir a função de estado da densidade, que denotamos por *p*:
p =M/V

Observação

Devemos evitar definir funções de estado do tipo *M+V*: adicionar quantidades de natureza diferente é uma manipulação muito arriscada...

D. Acções externas e internas

a) Noções de acções

Um sistema é, na maior parte das vezes, a sede de forças ou está sujeito a forças. É essencial em termodinâmica identificar sempre uma força como uma ação exercida por um elemento sobre outro.

Existem, portanto, dois tipos de acções exercidas sobre o sistema:

- o forças externas: exercidas sobre um elemento do sistema por um elemento externo ao sistema;
- o forças internas: exercidas por um elemento no interior do sistema sobre outro elemento no interior do sistema.

Há também, evidentemente, as acções exercidas pelo sistema no exterior (que se opõem às acções externas, em virtude do princípio de ação e reação).

Para incluir forças (expressas em N) e pressões (expressas em Pa) no mesmo qualificador, utiliza-se o termo acções (internas ou externas).

b) Transformação

Um sistema sofre uma transformação quando passa de um estado para outro.

Durante uma transformação, o sistema segue uma trajetória no espaço das variáveis de estado: o conhecimento da trajetória e a velocidade a que é descrita definem a transformação.

Uma transformação elementar é uma transformação infinitesimal (o estado final é infinitamente próximo do estado inicial).

Falamos de transformação virtual quando consideramos apenas a sucessão de estados, sem ter em conta a velocidade com que a trajetória é percorrida: uma transformação virtual é descrita apenas pela trajetória no espaço das variáveis de estado.

E. Trocas de energia

a) Trabalho das forças

Durante uma transformação, tanto as forças externas como as internas podem atuar. Recordamos que o trabalho de uma força é o produto escalar da força pelo vetor deslocamento do ponto de aplicação da força. O trabalho de uma força é zero:

se o seu ponto de aplicação não se deslocar;

ou se o deslocamento do ponto de aplicação for ortogonal à força.

Diz-se que um sistema está mecanicamente isolado se o trabalho de todas as forças externas for zero.

É fácil mostrar (ver o diagrama) que o trabalho da pressão externa

$$P_{ext}$$

aplicada a um sistema cujo volume varia de dV no processo de transformação é expressa por:

$$\delta W = -P_{ext}\, dV$$

Se a pressão se mantiver constante ao longo da transformação, o trabalho da força de pressão ao longo de toda a transformação será:

$$W = \int_{V_{\text{initial}}}^{V_{\text{final}}} -P_{\text{ext}}\, dV = -P_{\text{ext}}\, \Delta V$$

O exemplo do trabalho de uma força de pressão dá-nos a oportunidade de introduzir uma subtileza de notação:

O volume do sistema é uma variável de estado, que varia durante uma transformação. Observamos uma variação elementar de volume dV (isto é uma diferencial), e a variação de volume durante uma transformação não elementar é

$$\Delta V = V_{\text{final}} - V_{\text{initial}}$$

O trabalho de uma força não está relacionado com o sistema (não é uma variável de estado), mas é caraterístico de uma transformação. Notamos que

o trabalho de uma força durante uma transformação elementar, mas que não é o diferencial de qualquer quantidade. A uma transformação não elementar, associamos um trabalho W

: a classificação

$$\Delta W$$

não faz sentido, uma vez que não existe nem "trabalho inicial" nem "trabalho final"!

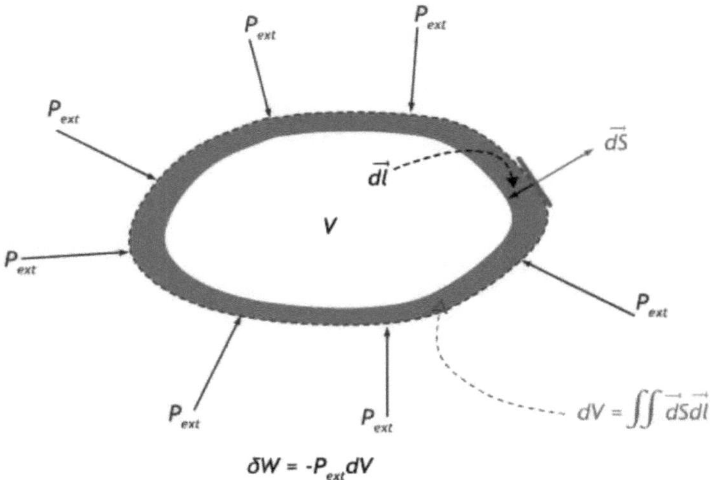

Trabalho da pressão externa aplicada a um sistema.

De um modo geral, o trabalho das forças externas é da forma:

$$\delta W = \sum_i A_i \, d\alpha_i$$

sendo *Ai* as variáveis de estado do sistema em consideração (cuja variação é representativa dos deslocamentos dos pontos materiais do sistema) e *Ai as* acções externas.

Quando o trabalho das forças externas aplicadas ao sistema é positivo, diz-se que o sistema recebe energia mecânica.

b) Troca de calor

Experimentalmente, observou-se que o facto de fornecer trabalho mecânico a um sistema pode resultar num aumento da sua temperatura (atrito).

A mesma variação de temperatura do sistema pode ser obtida, sem necessidade de trabalho mecânico, simplesmente colocando o sistema em contacto com um corpo de temperatura mais elevada.

Dizemos então que houve uma transferência de energia por troca de calor.

O calor é uma troca de energia entre dois sistemas, cujos mecanismos são:

- condução: os dois sistemas que trocam calor estão em contacto; à escala microscópica, há uma transferência da energia cinética da agitação molecular
- A convecção tem lugar entre um sólido e um fluido. Na superfície do sólido, a transferência de calor efectua-se por condução, mas é geralmente favorecida pelo movimento do fluido (transporte de pacotes de fluido).
- A radiação permite a troca de calor sem contacto: os fotões infravermelhos emitidos por uma fonte quente são absorvidos por um corpo mais frio e provocam um aumento da energia cinética da agitação térmica

Um sistema pode ser isolado termicamente, ou seja, não troca calor com o seu ambiente durante as suas transformações.

Um tal sistema, imerso num meio cuja temperatura era inicialmente constante e homogénea, não provoca qualquer alteração na temperatura desse meio (independentemente da temperatura inicial desse meio).

Aceitamos os seguintes imóveis:

- A quantidade de calor recebida por um sistema com isolamento térmico é zero

- A quantidade de calor recebida por um sistema formado por um conjunto de corpos, nenhum dos quais pode deslizar sobre os outros, é a soma das quantidades de calor recebidas por cada um desses corpos
- Escreve-se a quantidade de calor recebida por um sistema de volume constante, que não sofre qualquer modificação em resultado da transferência de calor para além de um aumento de temperatura (em particular, nenhuma mudança de fase ou reação química):

$$\delta Q = M.c.dT$$

sendo **M** a massa do sistema e **c** a sua capacidade térmica (em J/kg/K).

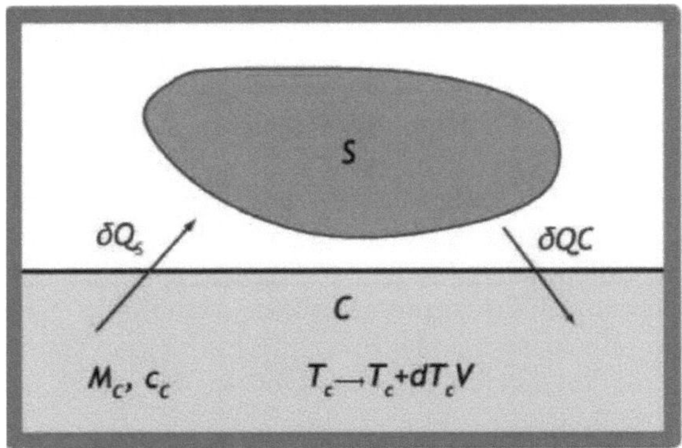

Princípio da calorimetria.

Estes "axiomas" permitem a realização de um calorímetro, para medir quantidades de calor. O calorímetro é um sistema de volume constante, contendo um corpo de massa **Mc** e capacidade calorífica **Cc** e colocado em contacto térmico com o sistema a estudar, estando o conjunto isolado termicamente (ver esquema). Consideremos uma transformação elementar deste sistema. São

$$\delta Q_S \quad \text{and} \quad \delta Q_C$$

as quantidades de calor recebidas respetivamente pelo sistema estudado e pelo calorímetro, temos

$$\delta Q_S + \delta Q_C = 0$$

em virtude das duas primeiras proposições (o calor recebido pelo sistema global, aqui nulo por ser termicamente isolado, é a soma dos calores recebidos pelas duas subpartes). Basta medir a variação de temperatura **dTc** calorímetro para ter acesso à quantidade de calor

$$\delta Q_C \;:$$

de onde se deduz a quantidade de calor recebida pelo sistema cuja transformação estamos a estudar:

$$\delta Q_C = M_C . c_C . dT_C$$

Note-se que a relação $\delta Q = M . c . dT$ só é válida para uma transformação de volume constante, sem atrito, mudança de fase ou reação química.

Observação

É perfeitamente possível, eliminando estas restrições, fornecer calor a um sistema que mantém a sua temperatura constante, ou variar a temperatura de um sistema sem troca de calor com o exterior:

- ✓ uma panela com água a ferver recebe calor da placa de aquecimento sobre a qual está colocada e, no entanto, a sua temperatura permanece igual a 100°C: há uma troca de calor sem aumento de temperatura;
- ✓ Esfregue as mãos vigorosamente: a sua temperatura aumenta, sem que haja troca de calor (as mãos não estão em contacto com um corpo a uma temperatura mais elevada).

Em ambos os casos, a relação $\delta Q = M . c . dT$ não é aplicável.

II. Primeira lei da termodinâmica

A. Expressão

a) Fundamental

Todo sistema fechado tem uma função de estado associada a ele U chamada energia interna, tal que em qualquer transformação temos:

$$\Delta U + \Delta K = W + Q$$

onde:

$S\,K$ é a energia cinética macroscópica;
$S\,W$ o trabalho de forças externas. Inclui também a energia eléctrica recebida pelo sistema;
$S\,Q$ o calor recebido pelo sistema.

Admitimos ainda que a energia interna não depende da posição global do sistema no espaço.

B. Conclusão

O que é preciso lembrar...

Enunciado do primeiro princípio, para um sistema fechado:

$$\Delta U + \Delta K = W + Q$$

Aplicação a sistemas abertos em estado estacionário:

$$\dot{H}_{out} - \dot{H}_{in} + \dot{K}_{out} - \dot{K}_{in} + \dot{M}g\left(z_{out} - z_{in}\right) = \dot{W} + \dot{Q}$$

que também está escrito:

$$\dot{M}\left(h_{out} + \frac{1}{2}\vec{v}_{out}^{\,2} + gz_{out} - h_{in} - \frac{1}{2}\vec{v}_{in}^{\,2} - gz_{in}\right) = \dot{W} + \dot{Q}$$

Para aplicar o primeiro princípio:

- ✓ Definir o sistema e a transformação
- ✓ Determinar se o sistema está aberto ou fechado durante esta transformação; Para um sistema aberto em estado estacionário, enumerar os caudais de material que entra ou sai
- ✓ Enumerar as forças externas aplicadas ao sistema, calcular o seu

trabalho
- ✓ Lista das trocas de calor com o exterior
- ✓ calcular a variação da energia cinética (translação e rotação) durante a transformação (sistema fechado) ou entre os caudais de entrada e de saída (sistema aberto em estado estacionário)
- ✓ Aplicar o primeiro princípio

III. Segunda lei da termodinâmica

A. Declaração do segundo princípio

Neste ponto, estamos prontos para enunciar o segundo princípio. Ao contrário do primeiro, veremos que esta afirmação é, à primeira vista, muito abstrusa: só aplicando-a e constatando que as suas consequências são bem verificadas pela experiência é que podemos realmente compreendê-la.

a) Fundamental

A qualquer sistema fechado S pode associar-se uma função extensiva de estado S, designada por entropia, cuja variação durante qualquer transformação elementar do sistema é a soma de duas contribuições *deS* e *diS:*

$$dS = d_e S + d_i S$$

Onde

J deS é devido às trocas de calor com o exterior (é portanto zero se a transformação for adiabática).
S diS é sempre positivo ou zero: estritamente positivo se a transformação for irreversível, zero se a transformação for reversível.

Durante uma transformação reversível, a variação de entropia é :

$$dS = d_e S = \delta Q/T$$

, T é a temperatura absoluta do sistema.

A entropia é uma grandeza aditiva: quando se juntam dois sistemas, a entropia do conjunto é a soma das entropias dos dois sistemas.

b. Conclusão

O que é preciso lembrar...

Equilíbrio termodinâmico: constância das variáveis de estado ao longo do tempo, homogeneidade da temperatura, ausência de atrito sólido.

Uma transformação é reversível se for reversível (pode ser feita na direção oposta, modificando simplesmente as condições externas) e se for uma série contínua de estados de equilíbrio.

Segunda lei da termodinâmica: existe uma função de estado s , tal que em qualquer transformação de um sistema fechado, temos:

$$dS = d_i S + d_e S$$

Com $d_i S \geq 0$ relacionado com a irreversibilidade interna) e

$$d_e S = \sum \frac{\delta Q}{T_p}$$

(soma de todas as trocas de calor com elementos do sistema de temperatura *Tp)*.

A entropia de um sistema isolado só pode aumentar: o aumento da entropia é uma manifestação da dispersão da energia (em todas as suas formas) em todo o volume acessível.)

IV. Energia da biomassa

1. Introdução

A fotossíntese é a propriedade que as plantas têm, graças à ação da clorofila, de converter a radiação electromagnética em energia química. Esta é armazenada principalmente nas plantas sob a forma de hidratos de carbono, ou seja, açúcar, e é utilizada para o seu crescimento e reprodução.

Sob a ação da radiação solar, o dióxido de carbono do ar e a água retirada do solo são transformados em hidratos de carbono, a partir dos quais se formam todos os componentes da matéria orgânica.

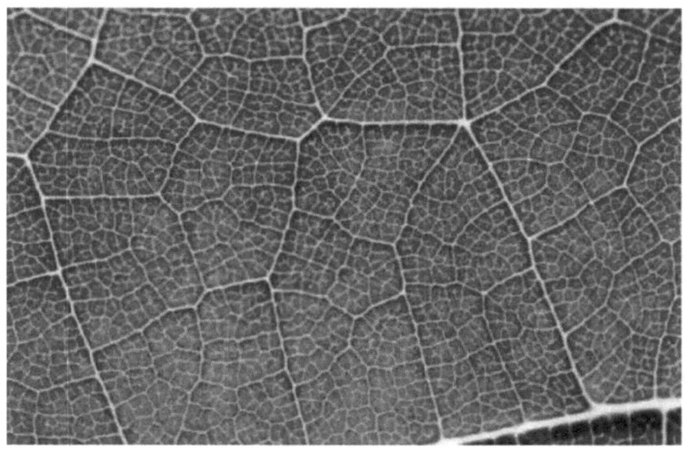

Fotossíntese

O rendimento máximo da bioconversão não ultrapassa os 6%, mas representa uma quantidade considerável de energia, tendo em conta a superfície coberta pelas plantas.

A biomassa é toda a matéria orgânica, principalmente de origem vegetal, natural ou cultivada, terrestre ou marinha, resultante da conversão da energia solar em clorofila, excluindo os combustíveis fósseis.

A biomassa produz três tipos de recursos: florestais, agrícolas e aquáticos. É composta principalmente por lenhina ($C_{40}H_{44}O_6$) (25%), e hidratos de carbono $C_n(H_2O)_m$ (celulose $C_6H_{10}O_5$ e hemicelulose) (75%).

Resíduos de cana-de-açúcar

Diferentes modos de conversão
A utilização energética da biomassa pode ser efectuada de acordo com três
categorias principais de processos:

- ✓ conversão bioquímica: digestão, hidrólise e fermentação;
- ✓ conversão química (esterificação);
- ✓ conversão termoquímica: combustão, co-combustão, pirólise e
  gaseificação.

A conversão bioquímica tem dois modos principais: a digestão anaeróbia e
a digestão aeróbia.

Os sectores bioquímicos utilizam produtos húmidos. Trata-se de processos
microbiológicos que têm por efeito a degradação da matéria vegetal:

- A fermentação do metano produz biogás, uma mistura de dióxido de
  carbono (30-35%) e metano (50-65%), um combustível de boa
  qualidade. As reacções ocorrem a temperaturas entre 20 e 70 °C;
- A fermentação alcoólica permite transformar os hidratos de carbono
  das plantas em etanol;
- A fermentação acetono-butílica permite, sob a ação de certas
  bactérias, produzir uma mistura de butanol, acetona e etanol.

A conversão termoquímica subdivide-se em combustão e co-combustão
(com excesso de ar), gaseificação (na ausência de ar) e pirólise (na ausência

de ar). Os sistemas termoquímicos são adequados para materiais secos como a madeira e a palha.

A combustão (T ~ 1.900°C) é o modo de conversão mais antigo e provavelmente o mais utilizado, tanto para uso doméstico como industrial. A sua eficácia é boa na medida em que o combustível é rico em hidratos de carbono estruturados (celulose e lenhina) e, sobretudo, suficientemente seco (humidade inferior a 35%).

A relação C/N é definida como a relação entre as quantidades de carbono e azoto contidas na biomassa. Varia de cerca de 10 a 100.

A pirólise permite converter uma biomassa relativamente seca (humidade inferior a 10%) e com uma relação C/N superior a 30, em vários combustíveis de elevado PCI, armazenáveis, sob a forma gasosa, líquida e sólida (carvão vegetal). O processo tem lugar a temperaturas entre 400 e 800 °C.

A gaseificação da biomassa (T ~ 800°C - 1.000°C) é obtida através da realização de uma combustão com defeito de ar que compreende esquematicamente duas etapas principais: a pirólise que produz fases gasosas, líquidas e sólidas, seguida da gaseificação efectiva destas duas últimas fases. Produz um gás dito "pobre", devido ao seu baixo poder calorífico (1 kWh/m3 contra 10 kWh/m3 para o metano). Ao substituir o ar por oxigénio, obtém-se um gás de síntese (CO + H2) que pode ser utilizado para produzir metanol.

Num gaseificador, o combustível é primeiro seco e depois pirolisado, sendo ambos os processos endotérmicos. Os produtos gasosos são então queimados a altas temperaturas, libertando calor, parte do qual é utilizado pelas duas etapas anteriores. Os produtos gasosos são então queimados a altas temperaturas, libertando calor, parte do qual é utilizado pelas duas fases anteriores. Os gases de combustão são depois recolocados em contacto com a fase sólida resultante da pirólise e com a água proveniente do processo de secagem, o que desencadeia uma reação de redução que conduz à formação de um gás de síntese rico em CO e H2, cujo PCI é cerca de 70 a 75% do da biomassa original.

Existem vários processos de gaseificação:

- sistemas de leito fixo, que podem ser divididos em duas tecnologias principais, os gaseificadores em co-corrente (fluxo descendente) e os gaseificadores em contra-corrente (fluxo ascendente);

- sistemas de leito fluidizado, que têm três categorias consoante a velocidade de fluidização, e leitos fluidizados densos circulantes e accionados.

Os primeiros correspondem a instalações de pequena ou média dimensão e os segundos a instalações de grande dimensão.

Conclusão

Biomassa é o termo "todos os materiais orgânicos, principalmente de origem vegetal, naturais ou cultivados, terrestres ou marinhos, resultantes da conversão da clorofila em energia solar, excluindo os combustíveis fósseis".

A biomassa é composta principalmente por lenhina ($C40H44O6$) (25%) e hidratos de carbono $Cn(H2O)m$ (celulose $C6H10O5$ e hemicelulose) (75%).

A utilização energética da biomassa pode ser efectuada de acordo com três categorias principais de processos:

- Conversão bioquímica: digestão, hidrólise e fermentação
- conversão química (esterificação)
- conversão termoquímica: combustão, co-combustão, pirólise e gaseificação.

A conversão bioquímica tem dois modos principais: a digestão anaeróbia e a digestão aeróbia.

- no primeiro caso, que ocorre na ausência de oxigénio, há a produção de um "biogás", constituído principalmente por metano (50-65%), e $CO2$ (30-35%) e outros gases. As reacções ocorrem a temperaturas entre 20 e 70 °C. A reação básica é $CH3COOH \rightarrow CH4 + CO2$
- no segundo caso, são produzidos mais $CO2$ e $H2O$.

A conversão termoquímica é subdividida em combustão e co-combustão (com excesso de ar), gaseificação (na ausência de ar) e pirólise (na ausência de ar).

A combustão é o método de conversão mais antigo e provavelmente o mais utilizado, tanto para uso doméstico como industrial. A sua eficácia é boa na medida em que o combustível é rico em hidratos de carbono estruturados (celulose e lenhina) e, sobretudo, suficientemente seco (humidade inferior a 35%).

A co-combustão consiste na queima simultânea de um combustível fóssil, geralmente carvão, e de biomassa (até 15%), a fim de reduzir, numa caldeira existente, a quantidade de combustível inicial.

A pirólise converte biomassa relativamente seca (humidade inferior a 10%) e uma relação C/N superior a 30 em vários combustíveis armazenáveis com elevado teor de PCI sob a forma gasosa, líquida e sólida (carvão vegetal).

Ocorre a temperaturas entre 400 e 800 °C e pode ser efectuada de várias formas: pirólise lenta ou carbonização (apenas produto sólido), pirólise convencional a uma temperatura moderada (600 °C) (1/3 Pirólise a 500 - 600 °C, que ocorre em cerca de um segundo (70-80% de produto líquido), pirólise instantânea, a mais de 700 °C e em menos de um segundo (mais de 80% de produto líquido).

A gaseificação da biomassa é obtida através da realização de uma combustão ar-defeito que compreende esquematicamente duas etapas principais: a pirólise que produz fases gasosas, líquidas e sólidas, seguida da gaseificação propriamente dita destas duas últimas fases.
Num gaseificador, o combustível é primeiro seco e depois pirolisado, sendo ambas as etapas endotérmicas. Os produtos gasosos são então queimados a altas temperaturas, libertando calor, parte do qual é utilizado pelas duas fases anteriores. Os gases de combustão são então recolocados em contacto com a fase sólida resultante da pirólise e com a água proveniente do processo de secagem, o que desencadeia uma reação de redução que conduz à formação de um gás de síntese rico em CO e H2, cujo ICP é cerca de 70 a 75% do da biomassa original.

Existem vários processos de gaseificação:

- Sistemas de leito fixo, que se dividem em duas tecnologias principais, gaseificadores updraft e downdraft
- sistemas de leito fluidizado, que também têm duas categorias, leitos fluidizados borbulhantes e circulantes.

A biomassa, enquanto fonte de energia renovável, oferece vantagens significativas. Aqui estão alguns pontos-chave a serem lembrados: Origem e tipos de biomassa (A biomassa refere-se a toda a matéria orgânica que pode ser transformada em energia. Provém da fotossíntese, onde as plantas captam a energia solar). Existem três fontes principais de biomassa: Biomassa lenhosa (Madeira, folhas mortas,...); Biomassa de hidratos de carbono: Cereais, beterraba sacarina, cana de açúcar (valorização por fermentação ou destilação);...

Referências

1. Qualidade do ar na Europa - relatório de 2016 (p. 22).
2. Contreras-Rodríguez, M. L., Díaz-Reyes, A., & Bahillo-Ruiz, A. (2009), Trace Elements Emissions during Fluidized Bed Combustion of Biomass and Coal [arquivo], 17th European Biomass Conference, Hamburgo, 2009. PDF, 4 p.
3. Crutzen P.J & Ehhalt D.H (1977) Effects of nitrogen fertilizers and combustion on the stratospheric ozone layer. Ambio, 112-117 (resumo [arquivo]).
4. Crutzen P.J, Heidt L.E, Krasnec J.P, Pollock W.H & Seiler W (1979) Biomass burning as a source of atmospheric gases CO, H2, N2O, NO, CH3Cl & COS. Nature, 282(5736), 253 (resumo [arquivo]).
5. Fonte dos dados: Comissão Europeia, citado pelo Tribunal de Contas Europeu [arquivo] (ver nota 66 p. 40)
6. David Kirchgessner; Mercúrio no Petróleo e no Gás Natural: Estimation of Emissions From Production, Processing, and Combustion [arquivo] (PDF), setembro de 2001 (ou resumo [arquivo] US EPA, Office of Research & Development | National Risk Management Research Laboratory. Ver, em particular, o capítulo 5 (Mercury in Petroleum and Natural Gas)
7. Decreto de 26 de fevereiro de 2018 sobre a publicação da estratégia nacional para a mobilização de biomassa [arquivo]
8. Definição de BIOMASSE [arquivo], em www.cnrtl.fr (acedido em 8 de maio, 2022) .
9. Diretiva 2009/28/CE do Parlamento Europeu e do Conselho, de 23 de abril de 2009, relativa à promoção da utilização de energia produzida a partir de fontes renováveis que altera e subsequentemente revoga as Directivas 2001/77/CE e 2003/30/CE (JO L 140 de 5.6.2009, p. 16).
10. Editions Larousse, "Definitions: biomass - Larousse French dictionary [archive]", em www.larousse.fr (acedido em 8 de maio de 2022).
11. Associação Europeia da Indústria da Biomassa [arquivo]; Mercado Europeu [arquivo].
12. K. W. KWANT, H. KNOEF, Status of gasification in countries participating in the IEA and GasNet activity, 2004
13. L. VAN DE STEENE, G. PHILIPPE, A questão da gaseificação da biomassa, Bois-Energie n°1, 2003
14. Lei Pang, Mengxi Zhang, Kai Yang e Siheng Sun, "Scenario derivation and consequence evaluation of dust explosion accident based on dynamic Bayesian network," Journal of Loss Prevention in the Process Industries, vol. 83, 1 de julho de 2023, p. 105055 (ISSN

0950-4230, DOI 10.1016/j.jlp.2023.105055, lido em linha [arquivo], acedido em 26 de novembro,
2023) .

15. Paul R. Amyotte e Rolf K. Eckhoff, "Dust explosion causation, prevention and mitigation: An overview," Journal of Chemical Health and Safety, vol. 17, n.º 1, 1 de janeiro de 2010, pp. 15-28 (ISSN 1871-5532, DOI 10.1016/j.jchas.2009.05.002, lido online [arquivo], acedido em 26 de novembro de 2023

16. Paul R. Amyotte, Michael J. Pegg e Faisal I. Khan, "Application of inherent safety principles to dust explosion prevention and mitigation", Process Safety and Environmental Protection, 12th International Symposium of Loss Prevention and Safety Promotion in the Process Industries, vol. 87, n.º 1, 1 de janeiro de 2009, pp. 35-39 (ISSN 0957-5820, DOI 10.1016/j.psep.2008.06.007, leitura em linha [arquivo], acesso em 26 de novembro de 2023).

17. Philippe Collet (2014) Biomassa lignocelulósica: O INRA desenvolveu um processo seco [arquivo]; Actu-Environnement 20 de outubro de 2014

1 8. S. P. BABU, Observations on the current status of biomass gasification, preparado para a tarefa 33: Gasification of biomass, 2005

1 9. Sébastien Leveneur e Valeria CASSON MORENO, "Biomass Recovery: Como evitar acidentes industriais? [arquivo] ", em The Conversation, 19 de novembro de 2023 (acesso em 26 de novembro de 2023).

2 0. Relatório Especial n.º 5/2018 do Tribunal de Contas Europeu sobre energias renováveis e desenvolvimento rural sustentável

21. Valerio Cozzani e Ernesto Salzano, "The quantitative assessment of domino effects caused by overpressure: Part I. Probit models," Journal of Hazardous Materials, vol. 107, no. 3, 19 de março de 2004, pp. 67-80 (ISSN 0304-3894, DOI 10.1016/j.jhazmat.2003.09.013, lido em linha [arquivo], acedido em 26 de novembro de 2023).

22. VIJEU R., GERUN L., BELLETTRE J., TAZEROUT M., YOUNSI Z., CASTELAIN C., Two-dimensional thermochemical model of biomass pyrolysis, Congresso Internacional sobre Energias Renováveis e Ambiente - CERE, 24-26 de março de 2005, Sousse, Tunísia, 8 p

I want morebooks!

Buy your books fast and straightforward online - at one of world's fastest growing online book stores! Environmentally sound due to Print-on-Demand technologies.

Buy your books online at
www.morebooks.shop

Compre os seus livros mais rápido e diretamente na internet, em uma das livrarias on-line com o maior crescimento no mundo! Produção que protege o meio ambiente através das tecnologias de impressão sob demanda.

Compre os seus livros on-line em
www.morebooks.shop

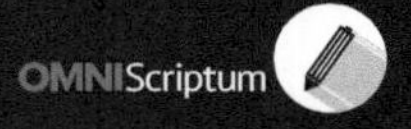

Printed by Books on Demand GmbH, Norderstedt / Germany